Family decoration design 7000 cases / 第 3 季

中国家装好设计

7000.例

李江军 编

客厅

中国电力出版社
CHINA ELECTRIC POWER PRESS

内容提要

本系列共分《客厅》《吊顶》《电视墙》《卧室 餐厅 玄关 过道》4册，在前两季的基础上做了设计优化和案例更新，内容精选香港、台湾与大陆三地人气设计师的7000个最新家居案例，把这些代表当今设计界最高水平的作品按时下流行的风格分门别类，方便读者查找参考。通过使用本书，可以帮助业主和设计师了解不同风格家居的硬装设计细节，同时也能学习到如何利用软装搭配创造出符合美学的空间环境。

图书在版编目（CIP）数据

中国家装好设计7000例. 第3季. 客厅 / 李江军编. —北京：中国电力
出版社，2016.7

ISBN 978-7-5123-9461-2

Ⅰ. ①中… Ⅱ. ①李… Ⅲ. ①客厅－室内装修－建筑设计－图集
Ⅳ. ①TU767-64

中国版本图书馆CIP数据核字（2016）第135361号

中国电力出版社出版发行

北京市东城区北京站西街19号　　　100005　　　http://www.cepp.sgcc.com.cn

责任编辑：曹　巍

责任印制：蔺义舟

北京盛通印刷股份有限公司印刷·各地新华书店经售

2016年7月第1版·第1次印刷

889mm×1194mm 1/16·10印张·283千字

定价：49.80元

前言

Preface

　　无论你是设计师还是业主，这本书都能帮你解决装修中十分关键也很令人头疼的问题，那就是如何确定适合自己的设计方案，顺利地进行家装工程，营造一个让自己满意的家居环境。

　　《中国家装好设计》系列丛书以高质量、超全面的设计参考案例以及实用的装修材料解析的编写方式，使其自首次出版以来就广受读者的好评，多年来销量稳居同类书前列。通过使用本书，装修业主可以准确有效地与室内设计师进行沟通，拿到自己心目中理想的设计方案。对于不请设计师而准备自己装修的业主来说，更是非常好用的参考图册。而对于室内设计师而言，拥有7000个设计案例，等于掌握了一个设计图库，几乎可以从容应对各类业主需求，促进快速签单。

　　本系列共分《客厅》《吊顶》《电视墙》《卧室 餐厅 玄关 过道》4册，客厅是家庭成员聚集与交流最多的地方，也是接待客人的重要场所，因此是家居装修的重中之重。吊顶是家居装修中很容易被忽略的重要细节，兼具实用性与美观性的双重功能。电视墙可以说是家居中的视觉中心，对整体美观度的影响非常大。卧室、餐厅、玄关、过道等细节的设计关系到居家生活的舒适度，在家居装修中的地位举足轻重。

　　本系列在前两季的基础上做了设计优化和案例更新，内容精选香港、台湾与大陆三地人气设计师的7000个最新家居案例，把这些代表当今设计界最高水平的作品按时下流行的风格分门别类，方便读者查找参考。希望通过本套书的出版，可以帮助业主和设计师了解不同风格家居的硬装设计细节，同时也能学习到如何利用软装搭配创造出符合美学的空间环境。

　　本书由资深家居图书作者李江军编写，参与本书编写的还有陈丽红、李威、施景琼、俞莉惠、谢建强、吴细香、吴丽丹、李青莲、周雄伟、贾璋、钟建栋、沈跃萍、林家志、叶建明、王永乐、刘小军、徐剑、郭强、杨思荣、张仁元等，书中不当之处，恳请读者批评指正。

目 录
Contents

乡村风格
客厅
5

中式风格
客厅
33

欧式风格
客厅
54

简约风格
客厅
105

乡村风格客厅
Living room

▲带有斑驳纹理的石材堆砌的壁炉

▲做旧工艺的饰品是乡村客厅最好的点缀

▲马赛克铺贴的地台代替电视柜

▲碎花图案的布艺沙发是田园风格的象征

▲电视背景墙上设计拱形壁龛造型

▲空间中经常出现拱形的门洞造型

▲蓝白两色是地中海风格最常见的搭配

▲带有斑驳纹理的石材堆砌的壁炉

▲仿古八角砖铺设客厅地面

▲具有厚重质感且充满怀旧气息的家具

▲羚羊头或鹿头造型的挂件

▲原木色的护墙板是乡村风格客厅的主要特征

电视墙［墙纸］

沙发墙［照片组合］

红砖刷白的造型

制作红砖刷白的造型一般有两种方法，稍复杂的是将墙体打掉，然后再用红砖按照工字形的方法砌筑；还有就是直接利用外墙砖进行同种方法的贴面，最后统一进行乳胶漆的喷白。

电视墙［墙纸＋陶瓷马赛克］

电视墙［白色护墙板＋彩色乳胶漆］

沙发墙［啡网纹大理石＋墙纸］

电视墙［墙纸＋白色护墙板］

沙发墙［墙纸］

电视墙［木线条打方框造型＋白色护墙板］

地面［实木拼花地板］

电视墙［墙纸］

电视墙［墙纸 + 灰镜］

地面［地砖拼花］

电视墙［杉木板装饰背景］

电视墙［墙纸 + 银镜倒角］

电视墙［皮质软包］

顶面［杉木板吊顶刷白 + 木质装饰梁］

电视墙［仿古砖斜铺 + 墙纸］

地面［米白色地砖夹黑色小砖斜铺］

居中墙［墙纸 + 白色护墙板］

电视墙［彩色乳胶漆 + 实木护墙板］

沙发墙［墙纸＋白色护墙板］

右墙［石膏壁炉造型＋彩色乳胶漆］

电视墙［拱形壁龛造型贴木饰面］

左墙［大理石壁炉造型＋米黄大理石］

电视墙［墙纸］

电视墙［墙纸＋银镜斜铺］

顶面［木质装饰梁］

地面［大理石拼花］

地面［仿古砖夹小花砖斜铺＋花砖波打线］

右墙［墙纸＋装饰挂画］

电视墙［墙纸］

顶面［石膏板造型］

沙发墙［照片组合墙 + 木搁板］

电视墙［大花白大理石 + 大理石护墙板］

顶面［杉木板吊顶］

沙发墙［照片组合 + 彩色乳胶漆］

地面［仿古砖］

顶面［木质装饰梁］

地面［仿古砖斜铺 + 马赛克波打线］

居中墙［大理石壁炉造型 + 彩色乳胶漆］

居中墙［木质壁炉造型 + 定制收纳柜］

绿植体现乡村自然之美

美式风格的茶几上、柜子上、沙发旁等都是可以摆放绿植或鲜花的地方，这些植物并不需要经过精心的搭配，简单的一束放在花瓶里就可以，这正是乡村风格的自然朴实之美。

电视墙［文化石 + 木质壁炉造型］

电视墙［米黄大理石 + 木线条收口］

电视墙［木纹大理石 + 木花格贴茶镜］

沙发墙［质感漆 + 照片组合墙］

沙发墙［石膏板造型拓缝 + 木搁板］

电视墙［硅藻泥 + 木搁板］

沙发墙［白色护墙板 + 装饰挂件］

电视墙［木质壁炉造型 + 彩色乳胶漆］

地面［仿古砖斜铺］

顶面［实木装饰梁］

电视墙［木地板上墙斜铺］

电视墙［石膏板造型 + 墙纸］

电视墙［彩色乳胶漆 + 木质护墙板］

沙发墙［硅藻泥 + 实木雕花件］

地面［仿古砖夹小花砖铺贴］

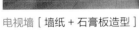
电视墙［墙纸 + 石膏板造型］

电视墙［墙绘 + 马赛克铺贴地台］

电视墙［彩色乳胶漆］

电视墙［米黄大理石斜铺］

电视墙［墙纸］

电视墙［墙纸＋彩色乳胶漆］

地中海风格客厅的饰品选择

地中海风格家居常配有海洋主题有关的各种装饰品，如帆船模型、救生圈、水手结、贝壳工艺品、木雕上漆的海鸟和鱼类等。

电视墙［墙纸＋陶瓷马赛克］

电视墙［布艺软包］

电视墙［墙纸］

电视墙［仿砖纹墙砖＋彩色乳胶漆］

电视墙［墙纸＋石膏板造型］

居中墙［多色仿古砖混铺＋石膏板造型］

地面［仿古砖］

沙发墙［彩色乳胶漆］

电视墙［密度板雕花刷白］

左墙［实木护墙板 + 墙纸］

电视墙［木纹大理石］

沙发墙［艺术屏风］

电视墙［墙纸］

沙发墙［木搁板 + 装饰挂画］

沙发墙［照片组合墙 + 木质护墙板］

顶面［木质装饰梁］

沙发墙［杉木板装饰背景 + 彩色乳胶漆］

顶面［石膏板造型 + 实木雕花］

电视墙［彩色乳胶漆 + 装饰壁龛］

电视墙［装饰壁龛 + 木搁板］

顶面［实木装饰梁］

电视墙［墙纸 + 灰镜］

电视墙［杉木板装饰背景 + 白色护墙板］

自然风的客厅装饰

简约自然风的装饰风格中，素雅的木纹色、奶白色都是饰品的首选颜色，如果还能够在空间中加入一抹嫩绿色，更是让人感觉春意盎然。

地面［大理石拼花］

顶面［布艺软包］

电视墙［彩色乳胶漆］

电视墙［木纹大理石］

电视墙［墙纸＋彩色乳胶漆］

电视墙［墙纸＋木质护墙板］

地面［仿古砖］

电视墙［墙纸］

左墙［仿古砖＋木搁板］

地面［地砖拼花］

电视墙［蓝色护墙板］

左墙［大理石壁炉造型＋茶镜倒角斜铺］

居中墙［照片组合墙＋陶瓷马赛克］

顶面［石膏顶角线］

电视墙［白色护墙板］

顶面［木质装饰梁］

沙发墙［照片组合＋彩色乳胶漆］

电视墙［墙纸＋白色护墙板］

沙发墙［木搁板］

电视墙［木质壁炉造型］

顶面［石膏装饰梁］

电视墙［文化砖＋木搁板］

沙发墙［墙纸＋白色护墙板］

地面［仿古砖夹小花砖斜铺］

电视墙［墙纸＋木线条收口］

电视墙［仿石材墙砖＋装饰壁龛］

顶面［杉木板吊顶刷白＋木质装饰梁］

客厅中装饰壁炉

壁炉可以现场制作也可以定做。最常用的是石膏和石材两种材质。一般情况下大理石的壁炉会显得更奢华一些，常用于欧式风格中。美式风格则会比较常用石膏壁炉。

沙发墙［硅藻泥＋木质护墙板］

电视墙［墙纸＋石膏板造型］

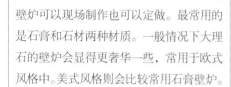

地面［仿古砖斜铺］

地面［啡网纹大理石波打线］

居中墙［纱幔＋墙纸＋木质护墙板］

顶面［杉木板吊顶刷白］

电视墙［白色小条砖］

沙发墙 [挂画组合 + 彩色乳胶漆]

电视墙 [墙纸 + 金属马赛克]

电视墙 [木搁板 + 彩色乳胶漆]

电视墙 [墙纸 + 木网格贴银镜]

电视墙 [墙纸 + 石膏板造型]

右墙 [青砖勾白缝 + 入墙式展示柜]

右墙 [大理石壁炉造型 + 墙纸]

电视墙 [木纹墙砖]

电视墙 [墙纸 + 木线条收口]

电视墙 [米黄色墙砖 + 樱桃木饰面板]

电视墙 [仿古砖]

电视墙［墙纸 + 彩色乳胶漆］

地面［仿古砖夹深色小砖斜铺］

小客厅设计重点

小客厅的家具要少而精，款式尽量以小巧不占地方为主。整体的客厅色调尽量明亮简洁，避免深色的颜色搭配，深色会让居室显得更加压抑昏暗，而明亮的浅色系就能有效地提亮居室光线，让客厅显得视野宽广。

顶面［石膏板挂边］

地面［仿古砖］

顶面［石膏板挂边］

电视墙［墙纸 + 石膏板造型］

电视墙［石膏壁炉造型 + 红砖勾白缝］

电视墙［文化石 + 硅藻泥］

电视墙［墙纸 + 木线条收口］

沙发墙［墙纸 + 银镜］

地面［木纹地砖］

顶面［石膏板造型暗藏灯带］

电视墙［米黄大理石＋白色护墙板］

电视墙［米黄大理石斜铺＋墙纸］

地面［地砖拼花］

右墙［装饰假窗］

地面［仿古砖夹深色小砖斜铺］

顶面［杉木板吊顶］

电视墙［大理石壁炉造型＋木搁板］

电视墙［入墙式展示架＋彩色乳胶漆］

顶面［实木装饰梁］

沙发墙［墙纸］

电视墙［布艺软包］

电视墙［墙纸＋白色护墙板］

顶面［石膏装饰梁］

居中墙［彩色乳胶漆＋木质护墙板］

沙发墙［布艺软包］

右墙［墙纸＋石膏板造型＋硅藻泥］

美式客厅的沙发选择

美式沙发可以是布艺的，也可以是纯皮的，还可以两者结合，地道的美式纯皮沙发往往会用到铆钉工艺。如果墙面的颜色偏深，那么沙发可以选择枫木色、米白色、米黄色、浅色竖条纹皆可；如果墙面的颜色偏浅，沙发就可以选择稳重大气的深色系，比如棕色、咖啡色等。

电视墙［洞石＋灰镜］

地面［柚木实木地板］

电视墙［彩色乳胶漆＋木搁板］

左墙［大理石壁炉造型＋墙纸］

电视墙［墙纸＋彩色乳胶漆］

沙发墙［木饰面板装饰凹凸造型刷黑色漆］

电视墙［墙纸＋木线条收口］

沙发墙［墙纸＋木线条装饰框］

顶面［石膏装饰梁＋石膏板造型拓缝］

沙发墙［黑镜］

电视墙［墙纸＋艺术玻璃］

电视墙［木质壁炉造型＋白色护墙板］

地面［地砖拼花］

居中墙［啡网纹大理石＋墙纸］

电视墙［雨林棕大理石斜铺］

顶面［石膏板造型＋斑马木饰面板］

地面［地砖拼花］

顶面［石膏板造型＋密度板雕花刷白］

左墙［文化石＋木搁板］

顶面［木线条打方框贴墙纸］

地面 [仿古砖]

电视墙 [艺术屏风]

仿古砖铺贴地面

在地中海风格中，仿古砖地面的铺设方式有很多种，用的最多的是 600mm×600mm 的地砖斜铺带角花。铺设时要事先确定好所用砖的尺寸，提前做好地面铺砖图，把一些碎砖留在家具的底部。

电视墙 [墙纸]

电视墙 [木纹大理石]

电视墙 [白色文化砖 + 石膏板造型刷蓝色漆]

顶面 [杉木板吊顶刷白]

顶面 [杉木板吊顶 + 木质装饰梁]

地面 [实木拼花地板]

电视墙［装饰腰线 + 装饰挂画］

电视墙［墙纸 + 密度板雕花刷白］

沙发墙［墙纸 + 挂画］

沙发墙［木质护墙板 + 彩色乳胶漆］

地面［大理石波打线］

顶面［木质装饰梁］

沙发墙［木饰面板凹凸造型 + 装饰壁龛］

地面［仿古砖］

沙发墙［彩色乳胶漆 + 墙面柜］

顶面［石膏装饰梁］

电视墙［木地板上墙 + 木搁板］

田园风格客厅色彩搭配

田园风格一般对于空间还原自然及温馨舒适的要求较高，因此，设计时应注意墙面颜色的定位，米黄色与米白色是最为适宜的选择。

沙发墙 [墙纸 + 杉木板造型]

沙发墙 [照片组合 + 硅藻泥]

电视墙 [墙纸 + 白色护墙板]

电视墙 [墙纸 + 石膏板造型刷彩色乳胶漆]

电视墙 [真丝手绘墙纸 + 木线条收口]

地面 [米白色亚光地砖]

地面 [仿古砖]

右墙 [硅藻泥 + 木质护墙板]

地面 [实木拼花地板]

地面［仿古砖］

顶面［杉木板吊顶刷白 + 木质装饰梁］

地面［多色仿古砖混铺］

电视墙［白色文化砖］

电视墙［墙纸 + 白色护墙板］

电视墙［定制展示架］

电视墙［木搁板］

电视墙［米黄大理石斜铺 + 铁艺挂件］

电视墙［洞石壁炉造型 + 装饰壁龛］

顶面［石膏板造型 + 木线条打网格］

电视墙［布艺软包］

电视墙［墙纸＋木质护墙板］

电视墙［彩色乳胶漆］

碎花墙纸的装饰

欧式田园风格家居在色调上稍显素雅，碎花墙纸的装饰恰到好处地增加了华丽感，此种风格在设计上一定要注意墙纸和墙面造型的结合。

右墙［实木护墙板＋墙纸］

电视墙［墙纸＋彩色乳胶漆］

电视墙［墙纸］

电视墙［质感漆＋彩色乳胶漆］

电视墙［石膏板造型刷真石漆］

右墙［大理石壁炉造型＋装饰壁龛＋彩色乳胶漆］

沙发墙［照片组合＋白色护墙板］

电视墙［墙纸 + 石膏板造型］

地面［地砖拼花］

电视墙［白色护墙板］

顶面［杉木板吊顶刷白 + 彩色乳胶漆］

地面［仿古砖夹小花砖斜铺］

顶面［杉木板吊顶刷白 + 木质装饰梁］

电视墙［彩色乳胶漆］

地面［地砖拼花］

电视墙［墙纸 + 木质护墙板］

沙发墙［木饰面板装饰凹凸造型］

沙发背景体现地中海风格的特点

地中海风格建筑的特色是拱门与半拱门、马蹄状的门窗，所以在家装设计中应用甚广，图中的沙发背景造型很好地体现出地中海风格的特点。

电视墙［布艺软包＋木线条收口］

顶面［木质装饰梁］

电视墙［墙纸＋木搁板］

电视墙［彩色乳胶漆＋装饰壁龛＋木搁板］

电视墙［墙纸＋木线条装饰框］

沙发墙［墙纸＋石膏板造型拓缝］

电视墙［墙纸＋木搁板］

电视墙［杉木板装饰背景刷白］

电视墙［彩色乳胶漆＋墙面柜］

电视墙［真丝手绘墙纸］

电视墙［墙纸＋木搁板］

沙发墙［彩色乳胶漆＋木线条装饰框］

地面［仿古砖夹小花砖铺贴］

电视墙［墙纸 + 彩色乳胶漆］

电视墙［木地板上墙］

电视墙［艺术屏风］

沙发墙［彩色乳胶漆 + 白色护墙板］

沙发墙［墙纸 + 杉木护墙板］

地面［仿古砖夹小花砖斜铺］

电视墙［墙纸 + 白色护墙板］

沙发墙［仿砖纹墙纸 + 木质护墙板］

左墙［木质壁炉造型 + 定制收纳柜］

地砖拼花的铺贴方式

地面瓷砖按照一定的铺贴规律施工，从而产生图案感，可以很好地提升空间的档次，注意地砖拼花的铺贴方式有几十种之多，实际设计施工时，应根据空间风格和家具摆设进行选择。

电视墙［彩色乳胶漆］

顶面［石膏装饰梁］

沙发墙［彩色乳胶漆 + 木线条］

顶面［木质装饰梁］

电视墙［米黄色墙砖斜铺 + 墙纸］

右墙［挂画组合 + 文化砖］

电视墙［水曲柳饰面板套色］

电视墙［墙纸］

左墙［银镜倒角］

顶面［杉木板吊顶刷白］

电视墙［彩色乳胶漆 + 装饰搁架］

电视墙［墙纸］

电视墙［彩色乳胶漆 + 白色护墙板］

电视墙［文化砖＋石膏板造型刷彩色乳胶漆］

电视墙［墙纸＋彩色乳胶漆］

沙发墙［彩色乳胶漆］

电视墙［木地板上墙＋银镜］

电视墙［墙纸＋米黄大理石线条收口］

顶面［柚木饰面板］

顶面［木线条装饰框］

顶面［石膏板造型＋金箔］

沙发墙［彩色乳胶漆］

电视墙［墙纸＋木线条装饰框］

顶面［石膏板造型］

电视墙［陶瓷马赛克＋定制收纳柜］

顶面［木质装饰梁］

电视墙［墙贴＋墙纸］

电视墙［墙纸＋彩色乳胶漆＋铁艺挂件］

文化石的运用

文化石的使用令乡村风格得到很好的体现，石材自然，色彩质朴，是很美观和出效果的装饰材料。铺贴前墙面基层处理干净后做凿毛处理，有利于使用水泥砂浆或瓷砖粘结剂后墙体和石材的牢固度。

电视墙［墙纸 + 木线条装饰框］

电视墙［挂画组合 + 彩色乳胶漆］

电视墙［水曲柳饰面板显纹刷白］

电视墙［墙纸 + 彩色乳胶漆］

沙发墙［艺术屏风］

电视墙［文化石 + 大理石罗马柱］

电视墙［墙纸 + 木线条收口］

电视墙［墙纸 + 米黄大理石装饰框］

电视墙［墙纸 + 木线条装饰框］

居中墙［大理石壁炉造型 + 彩色乳胶漆］

顶面［杉木板吊顶刷白］

电视墙［真丝手绘墙纸 + 白色护墙板］

电视墙［墙纸］

中式风格客厅
Living room

▲ 青花瓷鼓凳是表现中式特征的不二选择

▲ 铺设带有回纹图案的地毯

▲ 窗格是新中式客厅中出现频率最高的元素

▲ 花鸟图案的屏风作为沙发背景

▲ 背景墙面上出现祥云图案

▲ 经常用明清式圈椅代替单人沙发

▲ 宫灯诠释中式传统文化

▲ 水墨图案的装饰画更添中式韵味

▲ 将军罐和鸟笼在新中式客厅中起到点睛作用

▲ 灰黑色系的运用更能表现出淡淡禅意

▲ 罗汉塌造型的三人沙发

▲ 利用月亮门划分空间

电视墙［布艺软包 + 木花格］

电视墙［大花白大理石 + 木质护墙板］

电视墙［大花白大理石 + 木花格］

电视墙［米黄色墙砖 + 木花格贴茶镜］

电视墙［木纹墙砖 + 墙纸］

沙发墙［布艺硬包 + 木质护墙板］

电视墙［大花白大理石拉槽］

电视墙［墙纸 + 木线条装饰框］

电视墙［米黄大理石 + 不锈钢线条］

顶面［石膏板造型勾黑缝］

电视墙［墙纸 + 灰镜］

电视墙［布艺软包 + 木花格］

顶面［实木顶角线］

电视墙［墙纸 + 木线条造型］

沙发墙［砂岩浮雕］

顶面［石膏板造型勾黑缝］

顶面［密度板雕花刷白］

顶面［木线条走边］

顶面［木饰面板抽缝 + 金箔］

沙发墙［装饰挂画］

沙发墙［艺术屏风］

电视墙［布艺软包］

电视墙［布艺软包］

把自然景色引入客厅

大幅面的落地窗将户外美丽的自然景观引入室内，能够很好地成为客厅中的视觉焦点，这样的天然背景比传统的人工背景更显档次和品位。

沙发墙［硅藻泥 + 艺术墙绘］

沙发墙［布艺软包］

电视墙［米黄大理石 + 斑马木饰面板］

沙发墙［木纹大理石 + 灰镜］

电视墙［大花白大理石 + 黑镜］

电视墙［墙纸 + 木花格］

电视墙［木饰面板拼花 + 木线条密排］

沙发墙［木花格隔断］

电视墙［大花白大理石 + 银镜］

电视墙［木纹大理石］

居中墙［布艺硬包 + 镂空木雕屏风］

电视墙［大花白大理石 + 茶镜］

电视墙［橡木饰面板］

顶面［木线条收口］

电视墙［大花白大理石倒角 + 墙纸］

电视墙［彩色乳胶漆 + 木线条造型］

地面［仿古砖］

顶面［木线条走边］

地面［米黄色抛光砖］

隔断［木花格］

顶面［石膏板挂边］

电视墙［木纹大理石 + 灰镜］

利用挂画体现中式特点

如果经典的中式元素不多，那么可以在挂画中体现更多的传统味道，例如中式花鸟图案、山水画、青花瓷图案等工艺绘画，采用现代的无框画装裱，或者保留较大的留白边框，能让传统变得更加时尚。

电视墙 [大花白大理石 + 灰镜]

电视墙 [金属马赛克 + 木地板上墙]

地面 [仿古砖]

顶面 [木线条走边]

电视墙 [仿石材墙砖]

顶面 [木线条打方框]

左墙 [布艺硬包 + 大理石壁炉造型]

电视墙［墙纸 + 米黄大理石装饰框］

电视墙［布艺软包 + 银镜倒角］

沙发墙［彩色乳胶漆 + 艺术屏风］

顶面［实木板雕花 + 木线条走边］

顶面［石膏板造型暗藏灯带］

地面［米白色地砖夹深色小砖斜铺］

顶面［木线条走边］

电视墙［仿石材墙砖 + 木花格］

电视墙［微晶石墙砖］

沙发墙［木线条装饰框 + 木花格贴银镜］

沙发墙［布艺软包 + 黑胡桃木饰面板］

深色系的禅意空间

以深色系为主的风格，可以使人感觉空间的沉稳，因此，中式的禅意空间多偏向运用木质原色、深黑色、暗红色等沉稳色调，以对比的白色墙面作搭配。

电视墙 [仿石材墙砖]

电视墙 [洞石]

电视墙 [柚木饰面板 + 银镜]

电视墙 [墙纸]

电视墙 [木纹大理石 + 银镜倒角]

电视墙 [木纹大理石 + 墙纸]

沙发墙 [真丝手绘墙纸]

电视墙 [木花格贴透光云石 + 墙纸]

沙发墙［木花格贴银镜］

电视墙［米黄墙砖 + 木花格］

电视墙［墙纸］

电视墙［装饰挂件 + 彩色乳胶漆］

电视墙［米黄色大理石 + 回纹线条木雕］

地面［仿古砖］

电视墙［米黄大理石 + 砂岩浮雕］

电视墙［艺术墙绘 + 青砖勾白缝］

沙发墙［木质护墙板］

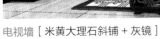

电视墙［米黄大理石斜铺 + 灰镜］

电视墙［仿石材墙砖 + 银镜］

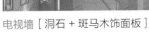

电视墙［洞石 + 斑马木饰面板］

电视墙［米黄大理石凹凸铺贴 + 木花格贴银镜］

新中式客厅的软装布置

新中式客厅通常会采用传统的小家具和装饰品结合的方式。如用衣箱作为茶几、边几，用陶瓷鼓凳作为花架，用条案或斗柜作为玄关装饰等。另外，在桌上摆放中式插花或者经典的中式元素如灯笼、鸟笼、扇子、汉服等,使用陶瓷、竹木等工艺手法。

顶面［布艺软包＋木线条走边］

顶面［实木线制作角花］

电视墙［仿石材墙砖＋木花格］

右墙［硅藻泥＋回纹线条木雕］

电视墙［墙纸］

电视墙［布艺硬包］

顶面［布艺硬包＋木线条收口］

沙发墙［装饰挂画＋木花格贴银镜］

电视墙［墙纸＋木花格贴灰镜］

电视墙［红砖刷白］

电视墙［墙纸＋木花格］

电视墙［米黄大理石＋木花格］

顶面［石膏板造型勾黑缝］

电视墙［布艺软包］

电视墙［墙纸］

电视墙［仿石材墙砖＋鹅卵石］

沙发墙［艺术屏风］

电视墙［橡木饰面板］

地面［仿古砖］

电视墙［木纹墙砖＋银镜］

电视墙［米黄大理石］

电视墙［艺术墙纸＋木花格贴银镜］

电视墙［米黄大理石＋黑镜］

现代中式客厅色彩搭配

现代中式风格常用红色、黄色、灰色和白色为基础色，再将木本色、黑色、绿色、蓝紫等色彩穿插于其间，以营造出或宁静高雅、或祥和喜庆的空间氛围。

电视墙［大花白大理石 + 灰镜］

居中墙［木格栅］

电视墙［米黄色墙砖斜铺 + 墙纸］

电视墙［木纹大理石 + 斑马木饰面板］

地面［石膏板造型暗藏灯带］

电视墙［艺术墙砖］

地面［木纹地砖］

电视墙［木纹大理石］

电视墙［仿石材墙砖 + 茶镜］

电视墙［青砖勾白缝 + 木花格贴银镜］

电视墙［墙纸］

电视墙［墙纸］

电视墙［米黄色墙砖 + 茶镜雕花］

电视墙［墙纸 + 木线条收口］

顶面［木线条收口］

电视墙［洞石 + 木线条收口］

电视墙［洞石 + 银镜］

电视墙［米黄大理石 + 啡网纹大理石］

电视墙［仿石材墙砖 + 银镜倒角］

电视墙［仿石材墙砖］

地面［地砖拼花］

沙发墙［真丝手绘墙纸 + 木线条收口］

右墙［墙纸 + 木花格贴银镜］

沙发墙［大理石矮墙 + 木花格］

电视墙［墙纸］

地面［木纹地砖］

地面［大理石拼花］

现代中式客厅设计

现代中式的设计已经大幅地减去了传统中式设计中的雕梁画栋，用简洁的造型配以相对比较传统的中式家具，也可以表达出浓郁的东方韵味。在软装的配饰中要注意小饰品与整体风格的协调搭配，不要过分偏离主题。

电视墙［木纹大理石］

电视墙［墙纸＋木花格］

电视墙［布艺软包＋木花格］

电视墙［大花白大理石斜铺］

顶面［木线条收口］

居中墙［仿石材墙砖＋大理石壁炉造型］

顶面［石膏板造型暗藏灯带］

电视墙［墙纸＋木花格］

顶面［木线条走边］

电视墙［橡木饰面板＋灰镜］

电视墙［仿石材墙砖＋木纹砖］

电视墙［墙纸＋木花格贴茶镜］

电视墙［木纹大理石］

电视墙［木花格］

沙发墙［黑镜＋橡木饰面板］

电视墙［雕花茶镜］

顶面［实木板雕花］

月亮门分隔空间

月亮门经常出现在中式家居中，常作为隔断，起到分隔空间作用，又成为一道美丽古典的景观。月亮门线条流畅、优美，而且造型中蕴含着中国传统文化所追求的圆满、吉祥等寓意。

电视墙［墙纸］

沙发墙［密度板雕花刷白 + 钢化玻璃］

电视墙［橡木饰面板 + 大理石搁板］

电视墙［米黄色墙砖 + 斑马木饰面板］

电视墙［墙纸 + 木花格贴透光云石］

电视墙［啡网纹大理石倒角 + 木花格贴银镜］

沙发墙［彩色乳胶漆］

电视墙［木纹大理石］

电视墙［大花白大理石 + 木格栅］

电视墙［墙纸 + 木花格］

沙发墙［艺术墙纸］

电视墙［仿石材墙砖 + 木线条造型］

电视墙［山水大理石 + 墙纸］

电视墙［艺术墙纸 + 实木线角花］

左墙［真丝手绘墙纸 + 木格栅］

电视墙［木纹大理石 + 木花格］

电视墙［书法墙纸 + 木花格贴茶镜］

电视墙［布艺软包 + 木格栅］

电视墙［仿石材墙砖倒角］

电视墙［木纹大理石 + 灰镜倒角］

电视墙［仿石材墙砖］

沙发墙［墙纸 + 木搁板］

中式客厅地面拼花

中式地面拼花用回形图案的比较多，特别是圆形更加难以施工，通常需要定做。简单的做法是在电脑上把大样放出来，然后按度数分割大样的方式进行铺贴，这样可以有效地防止铺贴的误差。

电视墙［真丝手绘墙纸］

沙发墙［硅藻泥＋木线条造型］

顶面［木线条走边］

地面［仿古砖］

电视墙［木纹大理石］

电视墙［大花白大理石＋木线条装饰框］

电视墙［木纹墙砖］

沙发墙［微晶石墙砖＋定制展示架］

右墙［质感漆＋木质护墙板］

电视墙［墙纸＋木花格贴灰镜］

电视墙［米黄大理石］

电视墙［仿石材墙砖］

电视墙［洞石＋木线条装饰框］

顶面［实木线制作角花］

电视墙［洞石＋木格栅］

顶面［石膏板挂边］

电视墙［仿石材墙砖＋书法墙纸］

电视墙［墙纸＋银镜］

电视墙［仿石材墙砖＋木线条收口］

电视墙［洞石＋金属线条］

电视墙［大花白大理石斜铺＋米黄色墙砖］

顶面［木花格］

电视墙［布艺软包］

电视墙［大花绿大理石斜铺］

电视墙［大花白大理石＋木网格］

顶面［石膏板造型＋布艺软包］

中式仿古窗花

中式仿古窗花可以把客厅装点得古意盎然，手工制作的窗花，以卡榫的技巧衔接木块，而不是用钉子钉死，才有热胀冷缩的弹性空间。注意中式仿古窗花由于其材质使用的是原木，所以建议在日常生活中应定时清理，特别是镂空状的窗花，需时常清理其中的灰尘。

电视墙［墙纸］

电视墙［木纹墙砖］

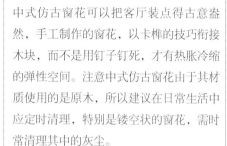

顶面［木格栅］

顶面［石膏板造型］

电视墙［仿石材墙砖］

电视墙［米黄大理石 + 壁龛造型］

电视墙［墙纸 + 柚木饰面板］

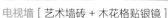

电视墙［艺术墙砖 + 木花格贴银镜］

电视墙［米黄大理石斜铺 + 木花格贴茶镜］

电视墙［艺术墙纸 + 木花格贴茶镜］

顶面［石膏装饰梁］

电视墙［木纹大理石］

电视墙［艺术墙砖 + 柚木饰面板］

电视墙［米黄大理石］

电视墙［木花格］

电视墙［彩色乳胶漆 + 小鸟造型挂件］

沙发墙［墙纸 + 啡网纹大理石装饰框］

顶面［实木顶角线］

电视墙［布艺软包］

隔断［中式木花格］

沙发墙［艺术墙纸 + 木线条收口］

电视墙［米黄色墙砖］

电视墙［米黄大理石斜铺］

电视墙［大花白大理石 + 马赛克线条］

电视墙［木纹砖 + 木花格贴黑镜］

电视墙［艺术墙砖 + 中式挂落］

电视墙［彩色乳胶漆］

欧式风格客厅
Living room

▲几案上摆设充满欧洲文化气息的饰品

▲客厅空间中常常出现罗马柱造型

▲通常悬挂带有欧式建筑或风景图案的油画

▲墙面装饰具有天然纹理的大理石

▲石膏雕花是法式客厅的装饰元素之一

▲背景墙面上重复出现线条框

▲线条优美且描金处理的家具边框

▲雕花边框的装饰镜可以很好地提升客厅格调

▲罗马帘体现别样的欧式风情

▲运用繁复且对称的线条表现欧式宫廷风格

▲壁炉是欧式客厅的主角

▲璀璨华丽的水晶吊灯是欧式客厅的必要元素之一

电视墙［米黄大理石＋银镜倒角］

电视墙［仿石材墙砖斜铺］

顶面［石膏板造型］

电视墙［墙纸＋大理石护墙板］

电视墙［米黄大理石斜铺＋银镜雕花］

电视墙［白色护墙板］

居中墙［木质壁炉造型＋木质护墙板］

顶面［石膏板装饰梁＋石膏浮雕］

顶面［石膏板造型］

电视墙［米黄大理石］

左墙［大理石壁炉造型＋银镜］

地面［地砖拼花］

电视墙［墙纸 + 木质面板凹凸造型］

深色系体现品位感

家居装饰中，浅色的设计比较容易，也是比较常见的。颜色越重，设计难度越大，越能达到高品位的效果。

电视墙［米黄大理石 + 大理石罗马柱］

电视墙［米黄大理石 + 银镜］

电视墙［布艺软包］

电视墙［墙纸］

电视墙［米黄大理石斜铺 + 白色护墙板］

顶面［木线条打方框］

电视墙［大理石壁炉造型 + 木质护墙板］

电视墙［仿石材墙砖 + 墙纸］

顶面［墙纸贴顶］

电视墙［仿石材墙砖 + 银镜倒角］

地面［大理石拼花］

沙发墙［布艺软包 + 雕花灰镜］

电视墙［米黄大理石凹凸造型］

电视墙［木纹大理石 + 雕花银镜］

电视墙［墙纸 + 雕花银镜］

地面［米黄色地砖］

电视墙［布艺软包 + 白色护墙板］

顶面［石膏装饰梁 + 银箔］

电视墙［木纹大理石 + 墙纸］

顶面［木质装饰梁］

电视墙［墙纸 + 灰色墙砖倒角］

地面［地砖拼花］

电视墙［墙纸 + 米黄色墙砖］

电视墙［布艺硬包 + 樱桃木饰面板］

电视墙［木纹大理石 + 白色护墙板］

顶面［石膏装饰梁 + 银箔］

顶面［石膏板造型拓缝刷白］

电视墙［米黄大理石］

电视墙［雨林棕大理石 + 灰镜］

电视墙［仿石材墙砖 + 米黄大理石］

顶面［石膏板造型暗藏灯带］

居中墙［木纹墙砖 + 艺术鱼缸］

电视墙［墙纸 + 银镜］

电视墙［米黄大理石斜铺 + 啡网纹大理石］

电视墙［布艺软包 + 装饰壁龛］

顶面［石膏雕花线］

顶面［墙纸贴顶 + 石膏板造型］

电视墙［啡网纹大理石斜铺］

电视墙［木饰面板凹凸造型刷白］

电视墙［墙纸 + 灰镜］

顶面［杉木板吊顶刷白］

地面［大理石拼花］

电视墙［木饰面板凹凸造型］

沙发墙［照片组合 + 白色护墙板］

顶面［石膏雕花线］

电视墙［墙纸］

右墙［大理石壁炉造型 + 木质护墙板］

电视墙［墙纸］

沙发墙［墙纸 + 银镜倒角斜铺］

顶面［彩色乳胶漆 + 金箔］

顶面［石膏浮雕］

顶面［石膏板造型暗藏灯带］

右墙［木质壁炉造型＋木质护墙板］

沙发墙［墙纸＋石膏板雕花＋茶镜］

顶面［布艺软包］

沙发墙［彩色乳胶漆］

电视墙［墙纸＋白色护墙板］

沙发墙［入墙式展示架］

顶面［石膏板造型暗藏灯带］

电视墙［大花白大理石＋茶镜］

顶面［木线条装饰框］

顶面［密度板雕花刷白］

电视墙［马赛克墙砖斜铺＋银镜雕花］

地面［地砖拼花］

顶面［银箔］

电视墙［大花白大理石 + 墙纸］

沙发墙［布艺硬包］

沙发墙［仿石材墙砖拼花 + 茶镜］

电视墙［墙纸 + 黑镜］

电视墙［啡网纹大理石 + 白色护墙板］

沙发墙［墙纸 + 木质护墙板］

地面［米白地砖夹小花砖铺贴］

沙发墙［大理石壁炉造型 + 白色护墙板］

电视墙［大花白大理石］

法式风格客厅设计

法式风格最为讲究精致性，往往从细节上体现出来。柔媚轻盈的曲线、繁复细致的雕花、金碧辉煌的装饰是法式风格的重要元素。飘逸的水晶灯、金色画框镶嵌的挂画、布满华丽金线花纹的摆设都很好地体现了法式风格。

电视墙［布艺软包］

电视墙［米黄大理石斜铺］

电视墙［墙纸＋米黄大理石斜铺］

地面［地砖拼花］

电视墙［仿石材墙砖斜铺＋灰镜］

电视墙［米黄色墙砖］

电视墙［米黄大理石斜铺＋大理石护墙板］

电视墙［布艺软包＋雕花银镜］

右墙［墙纸＋艺术墙砖］

顶面［石膏板造型］

电视墙［米黄大理石＋雕花灰镜］　　　地面［地砖拼花］　　　电视墙［洞石］

电视墙［布艺软包＋雕花茶镜］　　　地面［仿古砖夹深色小砖斜铺］　　　电视墙［墙纸＋白色护墙板］

电视墙［仿石材墙砖］　　　地面［地砖拼花］　　　电视墙［米黄大理石］

居中墙［真丝手绘墙纸＋银镜倒角］

电视墙［米黄色墙砖斜铺］

电视墙［布艺硬包＋不锈钢线条］

沙发墙［仿石材墙砖斜铺＋墙纸］

电视墙［艺术墙砖］

居中墙［大理石壁炉造型＋布艺软包］

电视墙［木纹大理石］

电视墙［墙纸］

电视墙［米黄大理石＋木花格贴银镜］

沙发墙［艺术墙砖斜铺＋米黄大理石倒角］

电视墙［布艺软包］

电视墙［墙纸＋米黄大理石］

电视墙［米黄大理石＋木质护墙板］

电视墙［布艺硬包＋大理石罗马柱］

顶面［金箔］

电视墙［墙纸 + 银镜倒角］

地面［大理石拼花］

地面［地砖拼花］

电视墙［布艺硬包］

沙发墙［皮质软包］

电视墙［布艺软包］

电视墙［雕花灰镜 + 大理石壁炉造型］

电视墙［米黄墙砖斜铺］

电视墙［布艺软包 + 大花白大理石］

沙发墙［茶镜倒角 + 墙纸］

左墙［大理石壁炉造型 + 马赛克拼花］

居中墙［蓝色护墙板］

电视墙［大理石雕花 + 米黄大理石拉槽］

电视墙［米黄大理石斜铺］

居中墙［银镜倒角斜铺］

电视墙［墙纸］

顶面［木线条打方框］

地面［大理石拼花］

顶面［密度板雕花刷白］

顶面［银箔 + 石膏板造型］

电视墙［艺术墙砖］

电视墙［米黄大理石斜铺 + 木质护墙板］

电视墙［木饰面板 + 不锈钢线条］

沙发墙［墙纸 + 不锈钢线条］

电视墙［米黄大理石斜铺 + 大理石护墙板］

电视墙［米黄大理石 + 茶镜斜铺］

电视墙［墙纸＋石膏罗马柱］

电视墙［米黄大理石＋银镜斜铺］

电视墙［仿石材墙砖］

沙发墙［墙纸＋银镜斜铺］

电视墙［米黄大理石斜铺］

顶面［木线条打方框刷白］

顶面［黑镜装饰吊顶槽］

居中墙［大理石壁炉造型＋大理石罗马柱＋质感漆］

电视墙［米黄墙砖＋密度板雕花刷白］

电视墙［墙纸＋黑镜］

地面［地砖拼花］

法式风格客厅色彩搭配

要想打造法式风格的家，在整体空间色彩的选择上，最好选择比较低调的色彩，如以白色、亚金色、咖啡色等简单不抢眼的色彩为主色。一方面可以营造出优雅浪漫的家居空间氛围；另一方面也可以恰如其分地突出各种摆设的精致性和装饰性。

顶面［石膏板造型拓缝］

电视墙［布艺软包］

电视墙［米黄大理石］

顶面［木线条打网格 + 银箔］

顶面［石膏板造型暗藏灯带 + 墙纸］

顶面［石膏板造型暗藏灯带］

电视墙［墙纸］

顶面［石膏浮雕 + 石膏板造型］

左墙［大理石壁炉造型 + 银镜］

电视墙［布艺软包 + 银镜雕花］

顶面［金箔］

沙发墙［墙纸］

电视墙［墙纸＋银镜雕花］

电视墙［洞石］

地面［仿古砖夹深色小花砖铺贴］

沙发墙［墙纸＋白色护墙板］

顶面［银镜雕花］

顶面［石膏板造型暗藏灯带］

电视墙［墙纸＋大理石罗马柱］

沙发墙［木纹墙砖］

电视墙［米黄大理石雕花＋大理石线条收口］

右墙［石膏壁炉造型＋布艺软包］

电视墙［墙纸＋石膏板造型］

右墙［大理石壁炉造型＋啡网纹大理石］

沙发墙［布艺软包＋白色护墙板］

电视墙［大理石凹凸造型铺贴］

电视墙［布艺软包＋银镜倒角］

电视墙［布艺软包］

电视墙［米白色墙砖斜铺］

电视墙［布艺软包＋米黄大理石护墙板］

电视墙［仿石材墙砖］

顶面［石膏浮雕］

电视墙［米黄色墙砖斜铺］

电视墙［墙纸＋雕花银镜］

电视墙［布艺软包］

电视墙［布艺软包］

地面［米白色地砖夹深色小砖斜铺］

沙发墙［密度板雕花刷白贴银镜］

电视墙［墙纸＋银镜倒角］

沙发墙［墙纸＋灰镜］

电视墙［米黄大理石斜铺 + 大理石护墙板］

电视墙［米黄色墙砖 + 灰镜］

电视墙［仿石材墙砖斜铺 + 大理石罗马柱］

电视墙［布艺软包］

电视墙［米黄大理石］

沙发墙［布艺软包］

左墙［定制收纳柜］

电视墙［米黄大理石斜铺 + 雕花黑镜］

电视墙［米黄大理石凹凸造型］

沙发墙［白色护墙板 + 密度板雕花刷白贴灰镜］

电视墙［金属线条扣皮质软包］

沙发墙［大理石护墙板］

电视墙［大花白大理石 + 墙纸］

电视墙［布艺软包 + 彩色乳胶漆］

地面［地砖拼花］

顶面［石膏装饰梁］

电视墙［米黄大理石凹凸造型］

左墙［大理石壁炉造型 + 仿石材墙砖］

沙发墙［布艺软包 + 白色护墙板］

地面［地砖拼花 + 花砖波打线］

沙发墙［墙纸 + 木线条装饰框］

电视墙［啡网纹大理石斜铺］

右墙［布艺软包 + 银镜］

电视墙［仿石材墙砖拼花 + 大理石护墙板］

电视墙［墙纸］

电视墙［大花白大理石 + 大理石罗马柱］

电视墙［黑白根大理石 + 艺术墙砖］

地面［地砖拼花］

电视墙［米黄大理石斜铺］

电视墙［仿石材墙砖 + 铁艺构花件］

地面［大理石拼花］

欧式风格的房间窗户比较高大，选择的窗帘应该更具有质感，比如考究的丝绒、真丝、提花织物。可以选用质地较好的麻质面料，颜色和图案也应偏向于跟家具一样的华丽、沉稳。暖红、棕褐、金色都可以考虑。

电视墙［米黄大理石 + 银镜倒角］

顶面［灰镜装饰吊顶槽］

顶面［石膏板造型 + 灯带］

电视墙［啡网纹大理石 + 灰镜倒角斜铺］

电视墙［马赛克拼花 + 木格栅］

电视墙［墙纸 + 银镜］

电视墙［黑白根大理石 + 黑镜］

电视墙［布艺软包 + 银镜斜铺］

电视墙［皮质软包 + 白色护墙板］

沙发墙［白色护墙板］

电视墙［大理石壁炉造型 + 大理石罗马柱］

电视墙［大花白大理石 + 墙纸］

电视墙［墙纸 + 米黄色墙砖］

右墙［艺术墙砖＋白色护墙板］

沙发墙［仿石材墙砖拼花］

顶面［石膏装饰梁］

电视墙［大花白大理石］

居中墙［艺术墙砖＋帝龙板］

沙发墙［木纹大理石＋雕花银镜］

电视墙［墙纸＋木线条装饰框］

电视墙［墙纸］

沙发墙［米黄色墙砖拼花］

电视墙［皮质硬包＋入墙式收纳柜］

电视墙［仿石材墙砖］

电视墙［仿石材墙砖＋银镜］

电视墙［墙布＋彩色乳胶漆］

电视墙［米黄大理石］

左墙［黑色烤漆玻璃倒角］

电视墙［墙纸＋木线条收口］

电视墙［啡网纹大理石］

沙发墙［布艺硬包］

沙发墙［木线条装饰框刷灰色漆］

电视墙［大理石雕花＋啡网纹大理石线条收口］

电视墙［米黄色墙砖＋墙纸］

电视墙［墙纸］

电视墙［大理石壁炉造型＋印花玻璃］

电视墙［墙纸＋灰镜斜铺］

电视墙［洞石＋灰镜斜铺］

地面［地砖拼花］

地面［仿古砖］

电视墙［木纹大理石］

电视墙［米黄大理石］

电视墙［樱桃木饰面板装饰矮墙］

地面［地砖拼花］

顶面［石膏板造型］

电视墙［米黄大理石斜铺 + 木质护墙板］

沙发墙［墙纸 + 灰镜］

右墙［大理石壁炉造型 + 白色护墙板］

电视墙［墙纸 + 木饰面板装饰框］

地面［地砖拼花］

电视墙［啡网纹大理石］

电视墙［仿石材墙砖拼花］

电视墙［米黄大理石斜铺］

地面［地砖拼花］

电视墙［米黄大理石斜铺］

电视墙［大花白大理石 + 墙纸］

电视墙［砂岩浮雕 + 大理石罗马柱］

顶面［木线条造型刷白］

沙发墙［白色护墙板 + 铁艺护栏］

电视墙［仿石材墙砖斜铺 + 银镜］

电视墙［大花白大理石 + 大理石罗马柱］

电视墙［石膏板造型刷白］

电视墙［洞石］

电视墙［木纹大理石 + 布艺软包］

地面［地砖拼花］

顶面［石膏板造型暗藏灯带］

电视墙［墙纸］

顶面［布艺软包］

电视墙［米黄大理石 + 银镜倒角］

电视墙［米黄色墙砖斜铺］

电视墙［大花白大理石 + 墙纸］

电视墙［皮质软包 + 银镜倒角］

电视墙［墙纸 + 木质护墙板］

电视墙［布艺软包 + 银镜雕花］

新古典风格客厅设计

新古典风格在注重装饰效果的同时，采用简洁的线条和现代的材料设计传统样式，追求古典风格的大致轮廓特点，不是仿古，也不是复古，而是追求神似的效果。

电视墙［洞石＋装饰壁龛］

电视墙［啡网纹大理石］

电视墙［木纹墙砖＋雕花银镜］

电视墙［大理石矮墙］

沙发墙［仿石材墙砖＋银镜］

电视墙［米黄大理石壁炉造型］

地面［地砖拼花］

顶面［石膏雕花线］

地面［仿古砖斜铺］

电视墙［米黄大理石＋大理石罗马柱］

沙发墙［质感漆＋茶镜］

电视墙［墙纸 + 白色护墙板］

电视墙［大理石壁炉造型 + 啡网纹大理石］

电视墙［墙纸］

电视墙［布艺软包 + 茶镜倒角］

地面［地砖拼花］

居中墙［装饰壁龛］

电视墙［米黄大理石斜铺］

电视墙［布艺软包 + 银镜］

居中墙［大理石壁炉造型 + 仿石材墙砖］

电视墙［米黄大理石斜铺 + 茶镜雕花］

顶面［木网格刷银箔漆］

电视墙［米黄色墙砖］

电视墙［米黄大理石凹凸铺贴］

电视墙［米黄大理石斜铺］

顶面［石膏雕花］

电视墙［布艺软包］

电视墙［大花白大理石＋黑镜］

顶面［石膏装饰梁］

电视墙［米黄大理石斜铺］

顶面［银箔］

顶面［金箔］

右墙［大理石壁炉造型＋墙纸］

电视墙［米黄大理石］

电视墙［米黄大理石＋墙纸］

电视墙［皮质软包］

地面［大理石拼花］

顶面［石膏装饰梁］

电视墙［墙纸］

电视墙［微晶石墙砖拼花］

电视墙［布艺硬包］

电视墙［墙纸 + 银镜倒角斜铺］

地面［花砖波打线］

顶面［石膏装饰梁 + 石膏浮雕］

顶面［石膏板叠级造型］

地面［地砖拼花］

电视墙［米黄大理石 + 大理石罗马柱］

地面［米白色地砖夹深色小砖斜铺］

电视墙［墙纸 + 灰镜］

地面［地砖拼花］

电视墙［米黄大理石 + 大理石线条收口］

电视墙［布艺软包］

电视墙［墙纸 + 陶瓷马赛克］

沙发墙［米黄墙砖拉槽］

电视墙［米黄大理石斜铺 + 墙纸］

地面［仿古砖斜铺］

电视墙［米白色墙砖 + 洞石护墙板］

顶面［墙纸］

沙发墙［镂空木雕屏风装饰隔断］

顶面［石膏板造型暗藏灯带］

电视墙［木纹墙砖 + 黑镜］

地面［大理石拼花］

电视墙［彩色乳胶漆 + 装饰搁板］

顶面［石膏板造型暗藏灯带］

电视墙［墙纸］

顶面［石膏板造型暗藏灯带］

地面［大理石波打线］

沙发墙［墙纸 + 雕花茶镜］

地面［地砖拼花］

电视墙［布艺软包］

电视墙［大花白大理石斜铺 + 大理石罗马柱］

电视墙［彩色乳胶漆 + 白色护墙板］

地面［大理石拼花］

电视墙［墙纸］

电视墙［墙纸 + 白色护墙板］

电视墙［布艺软包］

电视墙［真丝手绘墙纸］

顶面［石膏板造型暗藏灯带］

地面［地砖拼花］

电视墙［墙纸 + 石膏罗马柱］

电视墙［大理石壁炉 + 米黄大理石］

地面［地砖拼花］

电视墙［仿石材墙砖 + 茶镜雕花］

电视墙［米黄大理石斜铺］

电视墙［布艺软包］

电视墙［啡网纹大理石 + 大理石护墙板］

右墙［大理石壁炉造型 + 墙纸］

地面［仿古砖架深色小方砖斜铺］

电视墙［米黄大理石斜铺］

地面［地砖拼花］

电视墙［布艺软包］

新古典风格客厅设计

新古典主义沙发经常采用纯实木手工雕刻，意大利进口牛皮和用于固定的铜钉表现出强烈的手工质感。不仅继承了实木材料的古典美，真皮、金属等现代材质也被运用其中，改变了单一木质材料的呆板感。

电视墙 [石膏板造型 + 墙纸]

顶面 [石膏板造型暗藏灯带]

电视墙 [米黄大理石凹凸造型]

电视墙 [米黄大理石斜铺]

电视墙 [大理石拼花 + 白色护墙板]

顶面 [石膏板造型 + 金箔]

电视墙 [大花白大理石]

电视墙 [仿石材墙砖 + 白色护墙板]

地面 [米白墙砖夹深色小方砖斜铺]

顶面 [木线条走边]

左墙 [灰镜造型 + 白色护墙板]

电视墙［墙纸 + 黑白根大理石］

地面［地砖拼花］

顶面［石膏板造型 + 墙纸］

沙发墙［墙纸 + 木线条装饰框］

电视墙［米黄色墙砖 + 灰镜斜铺］

电视墙［仿石材墙砖斜铺 + 茶镜雕花］

沙发墙［白色护墙板］

地面［啡网纹大理石波打线］

顶面［石膏装饰梁］

电视墙［米黄大理石斜铺 + 雕花银镜］

顶面［木网格刷白］

顶面［石膏装饰梁］

电视墙［布艺软包］

电视墙［米黄大理石 + 墙纸］

顶面［木线条打方框］

电视墙［墙纸］

电视墙［墙纸＋柚木饰面板］

电视墙［艺术挂画＋银镜］

电视墙［米黄大理石斜铺］

地面［地砖拼花］

右墙［白色护墙板］

电视墙［米黄大理石斜铺＋大理石罗马柱］

电视墙［米黄大理石］

电视墙［布艺软包＋银镜雕花］

顶面［木网格刷白］

电视墙［墙纸］

顶面［石膏装饰梁］

沙发墙［照片组合墙］

电视墙［米白色墙砖＋米黄色墙砖斜铺］

沙发墙［木质装饰造型］

电视墙［仿石材墙砖斜铺 + 布艺软包］

电视墙［皮质软包］

电视墙［大花白大理石 + 灰镜］

顶面［皮质软包］

右墙［大理石壁炉造型 + 米黄大理石斜铺］

电视墙［雕花茶镜］

右墙［大理石壁炉造型 + 大理石罗马柱］

电视墙［大花白大理石斜铺 + 银镜雕花］

电视墙［米黄大理石 + 大理石展示架］

电视墙 [布艺软包]

电视墙 [白色护墙板]

顶面 [石膏板吊顶]

电视墙 [米黄大理石斜铺]

沙发墙 [白色护墙板]

顶面 [银箔 + 波浪板]

电视墙 [墙纸 + 密度板雕花刷白贴银镜]

电视墙 [米黄大理石 + 茶镜]

电视墙 [仿石材墙砖斜铺]

电视墙 [大花绿大理石斜铺]

地面［地砖拼花］

电视墙［墙纸］

电视墙［洞石］

地面［米黄色地砖］

电视墙［布艺软包＋金属马赛克］

电视墙［大花白大理石斜铺］

沙发墙［布艺软包＋银镜斜铺］

电视墙［米黄大理石斜铺＋银镜］

电视墙［木纹砖］

顶面［石膏板造型＋密度板雕花刷白］

电视墙［布艺软包］

电视墙［木纹大理石］

电视墙［大花白大理石斜铺］

电视墙［墙纸＋木线条装饰框］

地面［木纹地砖］

电视墙［墙纸］

电视墙［米黄大理石斜铺］

电视墙［大花白大理石］

沙发墙［布艺软包＋白色护墙板］

电视墙［米黄大理石斜铺］

电视墙［墙纸］

电视墙［墙纸＋木线条装饰框］

地面［地砖拼花］

电视墙［墙纸＋大理石护墙板］

电视墙［米黄大理石＋银镜倒角］

电视墙［墙纸＋印花玻璃］

地面［地砖拼花］

地面［地砖拼花］

沙发墙［彩色乳胶漆＋木线条装饰框］

沙发墙［墙纸＋木线条装饰框］

沙发墙［密度板雕花刷白］

顶面［密度板雕花刷白＋石膏板造型］

顶面［石膏板吊顶＋木线条造型刷白］

电视墙［米黄大理石］

电视墙［大理石壁炉造型 + 米黄大理石］

简欧风格客厅的家具

许多繁复的花纹虽然在简欧风格的家具上简化了，但在设计时多强调立体感，在家具平面设计有一定的凹凸起伏，以求在布置欧式简约风格的空间时，具有空间变化的连续性和形体变化的层次感。

电视墙［墙纸 + 大花白大理石装饰框］

电视墙［墙纸 + 密度板雕花刷白贴银镜］

电视墙［米白色墙砖斜铺 + 雕花茶镜］

电视墙［仿石材墙砖］

电视墙［啡网纹大理石 + 茶镜倒角斜铺］

电视墙［仿石材墙砖斜铺 + 米黄大理石护墙板］

电视墙［木纹大理石 + 白色护墙板］

电视墙［墙纸 + 大理石罗马柱］

电视墙［仿石材墙砖倒角 + 白色护墙板］

电视墙［艺术墙砖 + 银镜倒角斜铺］

电视墙［布艺软包 + 银镜］

地面［仿古砖夹深色小砖斜铺 + 花砖波打线］

电视墙［米黄大理石斜铺 + 布艺软包］

电视墙［墙纸 + 茶镜倒角斜铺］

电视墙［墙纸］

电视墙［墙纸 + 白色护墙板］

地面［地砖拼花］

地面［地砖拼花］

电视墙［皮纹砖 + 银镜雕花］

右墙［白色护墙板］

电视墙［木纹墙砖斜铺］

电视墙［石膏壁炉造型 + 布艺软包］

电视墙［仿石材墙砖 + 布艺软包］

电视墙［大花白大理石］

沙发墙［布艺软包］

电视墙［墙纸＋银镜倒角］

地面［木纹地砖夹深色小花砖斜铺］

电视墙［米黄大理石＋银镜］

电视墙［米黄大理石＋艺术玻璃］

电视墙［皮质软包］

顶面［石膏板造型暗藏灯带］

电视墙［仿石材墙砖拼花＋白色护墙板］

电视墙［大花白大理石＋银镜］

电视墙［墙纸＋大理石护墙板］

电视墙［米黄大理石斜铺＋白色护墙板］

电视墙［木纹大理石＋玻璃搁板］

电视墙［仿马赛克墙砖＋柚木饰面板］

电视墙［透光云石＋榉木饰面板］

电视墙［木纹墙砖］

顶面［木线条造型］

电视墙［木纹墙砖＋茶镜倒角］

电视墙［米黄色墙砖＋银镜斜铺］

电视墙［仿石材墙砖＋白色护墙板］

顶面［金箔］

顶面［金箔 + 木线条装饰框］

电视墙［大花白大理石 + 灰镜］

电视墙［墙纸 + 白色护墙板］

电视墙［墙纸］

顶面［石膏装饰梁］

地面［仿古砖夹深色小砖斜铺 + 花砖波打线］

顶面［石膏浮雕］

居中墙［大理石护墙板］

电视墙［洞石］

电视墙［啡网纹大理石凹凸造型］

电视墙 [墙纸 + 密度板雕花刷白贴银镜]

电视墙 [米黄大理石 + 石膏板造型]

电视墙 [米黄大理石斜铺 + 墙纸]

电视墙 [墙纸 + 木饰面板造型]

电视墙 [仿石材墙砖 + 布艺软包]

电视墙 [米黄大理石斜铺 + 墙纸]

地面 [地砖拼花]

电视墙 [大花白大理石斜铺 + 大理石护墙板]

电视墙 [仿石材墙砖 + 陶瓷马赛克]

电视墙 [洞石 + 雕花银镜]

电视墙［仿石材墙砖 + 银镜］

沙发墙［米黄大理石 + 马赛克拼花］

电视墙［布艺软包］

电视墙［仿石材墙砖斜铺 + 银镜］

电视墙［墙纸 + 米黄大理石装饰框］

顶面［石膏板造型 + 金箔］

电视墙［布艺软包 + 白色护墙板］

顶面［布艺软包］

电视墙［米黄大理石斜铺］

电视墙［洞石 + 银镜］

简约欧式客厅设计

简约欧式装修风格就是简化了的欧式装修，依然会保留欧式装修的一些元素，但更偏向简洁大方，注意融入现代元素，线条完美、细节精致。相比于古典欧式，简约欧式装修更符合人们对家居装修风格的追求。

电视墙［米黄大理石凹凸造型］

电视墙［米黄色墙砖斜铺］

电视墙［布艺软包］

电视墙［米黄色墙砖＋密度板雕花刷白贴墙纸］

地面［仿古砖］

电视墙［布艺软包＋墙纸］

电视墙［米黄大理石斜铺＋银镜倒角］

电视墙［仿石材墙砖斜铺＋大理石罗马柱］

简约风格客厅
Living room

▲简约风格客厅常用直线型吊顶

▲装饰品材质多选择金属、玻璃等

▲筒灯或射灯点光源照明

▲装饰画可选个性鲜明的现代抽象画

▲墙纸或乳胶漆是简约风格客厅最常用的墙面材质

▲黑白色是经典的简约空间色彩搭配

▲浅色系强化地板或抛光砖地面可以扩大空间感

▲尽量多一点空间留白

▲造型简洁的布艺沙发是简约风格客厅的主角

▲装饰线条以直线、横线或律动线为主

▲高明度高彩度的单一色系表现出时尚气息

▲经常利用镜面延伸视觉空间

电视墙 [彩色乳胶漆 + 装饰搁架]

电视墙 [橡木饰面板]

北欧风格客厅设计

在北欧风格的客厅里，看不到多余的修饰，有的只是干净的墙面，板式家具，符合人体功能美学的桌椅，再结合粗犷线条的地板，简简单单地就营造出一个干净和谐并充满个性的家。

沙发墙 [水曲柳饰面板套色 + 木搁板]

电视墙 [墙纸 + 墙面柜]

电视墙 [木纹墙砖]

电视墙 [墙贴]

电视墙 [石膏板镂空造型 + 彩色乳胶漆]

沙发墙 [墙纸 + 装饰挂镜]

沙发墙 [装饰挂画 + 银镜倒角]

电视墙［大花白大理石 + 灰镜倒角］

电视墙［墙纸 + 雕花灰镜］

电视墙［仿石材墙砖 + 灰镜］

电视墙［彩色乳胶漆 + 木搁板］

电视墙［墙面柜 + 彩色乳胶漆］

电视墙［墙纸 + 黑镜倒角］

电视墙［彩色乳胶漆］

电视墙［大花白大理石 + 斑马木饰面板］

电视墙［布艺软包 + 黑镜］

电视墙［布艺软包 + 灰镜］

电视墙［爵士白大理石 + 灰镜］

电视墙［墙纸 + 木花格］

电视墙［墙纸］

电视墙［彩色乳胶漆 + 木搁板］

电视墙［硅藻泥］

电视墙［木纹墙砖 + 雕花黑镜］

沙发墙［硅藻泥 + 挂画组合］

电视墙［杉木板装饰背景刷白］

沙发墙［墙纸 + 装饰挂画］

电视墙［质感漆 + 银镜］

顶面［石膏板造型暗藏灯带］

电视墙［墙纸 + 雕花灰镜］

电视墙［墙纸 + 密度板雕花刷白贴银镜］

地面［强化地板］

沙发墙［布艺软包 + 灰镜］

地面［地砖拼花］

电视墙［布艺软包］

电视墙［木纹大理石 + 茶镜凹凸造型斜铺］

沙发墙［木地板上墙 + 银镜］

沙发墙［银镜倒角斜铺］

电视墙［墙纸 + 银镜］

电视墙［墙纸＋密度板雕花刷白］

电视墙［彩色乳胶漆＋木搁板］

电视墙［大花白大理石］

电视墙［仿石材墙砖倒角］

顶面［石膏板造型］

电视墙［米黄大理石＋茶镜］

电视墙［大花白大理石＋灰镜］

沙发墙［银镜］

沙发墙［布艺软包］

沙发墙［橡木饰面板＋蝴蝶图案装饰画］

顶面［石膏板造型暗藏灯带］

地面［强化地板］

电视墙［米白色墙砖 + 不锈钢线条］

地面［木纹地砖］

电视墙［墙纸 + 不锈钢线条装饰框］

电视墙［彩色乳胶漆］

顶面［灰镜装饰吊顶槽］

电视墙［布艺硬包］

电视墙［石膏板造型 + 陶瓷马赛克］

电视墙［米黄大理石 + 茶镜雕花］

顶面［杉木板吊顶］

电视墙［皮纹砖 + 灰镜］

右墙［大理石壁炉造型 + 墙纸］

电视墙［木地板上墙 + 密度板雕花刷银箔漆］

地面［木纹地砖］

电视墙［皮纹砖 + 墙纸］

简约风格客厅沙发组合

简约风格中的沙发组合多采用极具线条感的造型，更能展现简约风格的主要特点，一般摆放着玻璃或是不锈钢加玻璃的家具或搭配茶几类的小家具，会使得整个空间十分简洁。

电视墙［木纹大理石凹凸造型］

电视墙［墙纸 + 彩色乳胶漆］

沙发墙［彩色乳胶漆 + 装饰挂件］

电视墙［墙纸］

电视墙［大花白大理石 + 木搁板］

电视墙［米黄大理石 + 灰镜］

沙发墙［布艺软包］

电视墙［米黄大理石斜铺 + 斑马木饰面板装饰框］

电视墙［米黄大理石 + 银镜］

电视墙［皮纹砖 + 灰镜雕花］

电视墙［啡网纹大理石斜铺］

电视墙［米黄色墙砖 + 灰镜］

电视墙［木地板上墙］

电视墙［墙纸］

电视墙［仿石材墙砖 + 黑镜］

右墙［艺术墙纸 + 陶瓷马赛克］

电视墙［木纹大理石 + 灰镜］

电视墙［米黄大理石 + 银镜雕花］

电视墙［大花白大理石 + 黑镜］

电视墙［墙纸］

电视墙［大花白大理石 + 斑马木饰面板］

右墙［石膏板造型 + 银镜］

电视墙［布艺软包］

电视墙［仿石材墙砖＋灰镜＋木搁板］　电视墙［米黄大理石＋灰镜倒角］　电视墙［墙纸＋茶镜］

电视墙［彩色乳胶漆］　电视墙［墙纸］　电视墙［米黄大理石＋灰镜雕花］

电视墙［墙纸＋灰镜］　电视墙［墙纸＋灰镜］　电视墙［墙纸］

沙发墙［白色护墙板＋银镜倒角］

电视墙［艺术墙砖］

电视墙［墙纸］

电视墙［彩色乳胶漆］

电视墙［墙纸 + 木线条装饰框］

顶面［石膏板造型暗藏灯带］

沙发墙［橡木饰面板］

电视墙［大花白大理石 + 黑镜］

电视墙［布艺软包］

顶面［石膏板吊顶］

地面［仿古砖］

地面［地砖拼花］

电视墙［墙纸 + 彩色乳胶漆］

电视墙［橡木饰面板凹凸造型］

顶面［石膏板造型暗藏灯带］

电视墙［米黄色墙砖 + 黑镜］

电视墙［墙纸］

电视墙［斑马木饰面板］

顶面［银镜］

电视墙［木纹墙砖倒角］

电视墙［大花白大理石 + 斑马木饰面板］

电视墙［米黄大理石］

电视墙［木纹大理石 + 灰镜］

电视墙［墙纸 + 墙面柜］

电视墙［墙纸 + 石膏板造型拓缝］

电视墙［米黄大理石 + 密度板雕花刷白贴灰镜］

沙发墙［定制展示柜］

电视墙［仿石材墙砖倒角］

电视墙［仿石材墙砖 + 灰镜］

居中墙［白色混油护墙板］

电视墙［大花白大理石 + 墙纸］

电视墙［米黄大理石］

沙发墙［仿石材墙砖］

电视墙［布艺软包 + 银镜］

电视墙 [墙纸 + 石膏板造型]

顶面 [木线条走边]

时尚风格客厅色彩设计

时尚风格家居的空间,色彩就要跳跃出来。高纯色彩的大量运用,大胆而灵活,不单是对现代风格家居的遵循,也是个性的展示。

电视墙 [大花白大理石 + 黑镜]

电视墙 [米黄大理石斜铺 + 灰镜]

电视墙 [布艺软包]

电视墙 [石膏板造型 + 彩色乳胶漆]

电视墙 [布艺软包]

电视墙 [黑白根大理石]

沙发墙 [大花白大理石拉槽 + 啡网纹大理石]

电视墙［大花白大理石 + 灰镜］

电视墙［石膏板造型 + 彩色乳胶漆］

电视墙［墙纸 + 灰镜倒角］

电视墙［木纹墙砖 + 灰镜雕花］

电视墙［墙纸 + 木线条装饰框］

电视墙［大花白大理石 + 黑镜雕花］

顶面［石膏板造型暗藏灯带］

电视墙［墙纸 + 银镜雕花］

顶面［石膏板造型暗藏灯带］

电视墙［大花白大理石 + 灰镜］

居中墙［彩色乳胶漆 + 石膏板造型］

左墙［米黄色墙砖］

电视墙［墙纸 + 木线条造型］

电视墙［墙纸 + 啡网纹大理石线条装饰框］

电视墙［布艺软包］

沙发墙［墙纸 + 大花白大理石拉槽］

电视墙［墙纸］

沙发墙［白色文化砖 + 挂画组合］

沙发墙［仿石材墙砖］

电视墙［大花白大理石 + 硅藻泥］

沙发墙［墙纸 + 银镜倒角］

顶面［石膏板造型 + 银箔］

电视墙［墙纸 + 灰镜］

电视墙［墙纸 + 白色护墙板］

电视墙［墙纸 + 彩色乳胶漆］

电视墙［墙纸 + 彩色乳胶漆］

电视墙［墙纸］

电视墙［米黄大理石 + 密度板雕花刷白贴茶镜］

电视墙［橡木饰面板］

电视墙［布艺软包 + 银镜倒角］

电视墙［墙纸 + 石膏板造型］

沙发墙［密度板雕花刷白 + 木线条造型］

电视墙［墙纸 + 茶镜］

电视墙［米黄大理石］

沙发墙［密度板雕花刷白贴黑镜］

电视墙［木地板上墙］

地面［橡木水洗白实木地板］

电视墙［彩色乳胶漆］

电视墙［大花白大理石 + 木质护墙板］

沙发墙［布艺软包］

电视墙［彩色乳胶漆＋墙面柜］

电视墙［石膏板造型＋陶瓷马赛克］

电视墙［白色护墙板］

电视墙［大花白大理石］

电视墙［墙纸＋米黄大理石］

顶面［石膏板造型暗藏灯带］

电视墙［彩色乳胶漆］

电视墙［洞石］

电视墙［彩色乳胶漆］

沙发墙［布艺软包＋灰镜斜铺］

地面［仿古砖夹深色小花砖斜铺］

电视墙［彩色乳胶漆 + 墙贴］

电视墙［米黄色墙砖］

沙发墙［墙纸 + 挂画组合］

电视墙［墙纸 + 彩色乳胶漆］

电视墙［大花白大理石］

电视墙［米黄大理石 + 橡木饰面板］

电视墙［米黄大理石 + 灰镜］

电视墙［白色墙砖 + 墙面柜］

顶面［石膏板叠级造型］

电视墙［橡木饰面板］

电视墙［墙纸 + 仿马赛克墙砖］

电视墙［墙纸］

玻璃隔断分隔空间

照片墙的排列方式有规矩型排列和自由式排列两种。一组由多幅单体照片画组成的主体式照片墙,在墙面悬挂时可以将处于内部的多个照片画任意组合调整,只要保持处于最外延的几幅挂画能够形成比较规则的几何图形,就可以组成相对漂亮的主题式照片墙。

电视墙[墙贴+布艺软包]

沙发墙[彩色乳胶漆]

电视墙[墙纸+木搁板]

沙发墙[大花白大理石+啡网纹大理石]

顶面[木花格]

顶面[石膏顶角线]

电视墙[墙纸]

电视墙[墙纸+布艺软包+银镜]

电视墙[墙纸]

电视墙 [米黄色墙砖 + 黑镜]

电视墙 [米黄色墙砖]

地面 [多彩仿古砖夹小花砖铺贴]

电视墙 [米黄大理石 + 灰镜倒角]

沙发墙 [布艺软包 + 灰镜]

电视墙 [墙纸 + 彩色乳胶漆]

沙发墙 [彩色乳胶漆 + 木搁板]

顶面 [木网格刷白]

电视墙 [皮纹砖]

右墙 [装饰挂画组合 + 墙纸]

电视墙 [大花白大理石造型嵌不锈钢线条]

顶面 [木线条装饰框刷银漆]

电视墙［木纹墙砖＋茶镜］　　　　　　　电视墙［大花白大理石拉槽］　　　　　　　电视墙［石膏板造型＋墙纸］

电视墙［墙纸］　　　　　　　　　　　　　顶面［石膏板造型暗藏灯带］　　　　　　　电视墙［墙纸＋布艺软包］

电视墙［石膏板造型＋墙纸］　　　　　　　电视墙［白色护墙板］　　　　　　　　　　顶面［石膏板造型暗藏灯带］

沙发墙［艺术墙绘］　　　　　　　　　　　电视墙［墙纸］　　　　　　　　　　　　　电视墙［米黄大理石斜铺］

沙发墙［装饰挂件＋彩色乳胶漆］　　　　　电视墙［米黄大理石＋定制收纳柜］　　　　电视墙［木纹墙砖］

电视墙［墙纸 + 白色护墙板］

电视墙［墙纸 + 玻璃搁板］

电视墙［墙贴 + 石膏板艺术造型］

电视墙［布艺硬包 + 大花白大理石］

沙发墙［照片组合 + 彩色乳胶漆］

电视墙［墙纸］

电视墙［墙纸 + 石膏板造型］

电视墙［米黄大理石 + 水曲柳饰面板套色］

电视墙［木纹大理石 + 雕花茶镜］

电视墙［大花白大理石 + 定制收纳柜］

电视墙 [墙纸 + 布艺软包]

电视墙 [大花白大理石 + 黑镜]

电视墙 [布艺软包]

电视墙 [墙纸 + 密度板雕花刷白]

电视墙 [皮质软包]

电视墙 [墙纸]

电视墙 [密度板雕花刷金色漆贴银镜]

电视墙 [墙纸 + 木线条装饰框]

电视墙 [米黄大理石 + 灰镜]

电视墙 [米黄大理石]

电视墙 [木纹墙砖]

顶面［石膏板造型暗藏灯带］

电视墙［布艺软包］

电视墙［木饰面板凹凸造型］

电视墙［墙纸 + 木搁板］

电视墙［墙纸 + 墙面柜］

地面［黑白色地砖相间斜铺］

电视墙［墙纸］

电视墙［大花白大理石 + 大理石搁板］

电视墙［硅藻泥］

地面［仿古砖］

电视墙 [墙纸 + 灰镜]

沙发墙 [石膏板造型刷彩色乳胶漆]

玻璃隔断分隔空间

简约时尚的客厅设计中会经常用到钢化玻璃作为空间的隔断，起到隔而不断的视觉效果，增强空间感。但注意在选择钢化玻璃时，应考虑其尺寸是否便于搬运上楼，如果规格太大的，可以在设计的时候考虑化整为零。

电视墙 [墙纸 + 石膏板造型]

电视墙 [墙纸 + 彩色乳胶漆]

电视墙 [米黄色墙砖]

电视墙 [大花白大理石 + 橡木饰面板]

电视墙 [大花白大理石 + 墙纸]

沙发墙 [墙纸 + 玻璃花格]

电视墙［质感漆 + 啡网纹大理石装饰框］　　　　　电视墙［大理石矮墙］

电视墙［米黄大理石］　　　　电视墙［墙纸 + 水曲柳饰面板显纹刷白］　　　　电视墙［大花白大理石］

电视墙［米黄色墙砖 + 灰镜］　　　　电视墙［墙纸 + 石膏板造型］　　　　电视墙［木纹大理石］

左墙［银镜倒角斜铺 + 仿马赛克墙砖］　　　电视墙［米黄大理石斜铺］　　　沙发墙［墙纸 + 黑镜］

电视墙［木纹大理石］

电视墙［米白色墙砖］

顶面［石膏板造型暗藏灯带］

电视墙［墙纸＋木搁板＋银镜］

电视墙［木纹大理石＋啡网纹大理石装饰框］

电视墙［米白色墙砖斜铺＋灰镜］

电视墙［彩色乳胶漆］

电视墙［布艺硬包＋黑镜］

电视墙［大花白大理石］

顶面［石膏板造型暗藏灯带］

电视墙［布艺软包＋木线条收口］

电视墙［仿石材墙砖］

沙发墙［米黄色墙砖］

电视墙［石膏板造型＋茶镜］

电视墙［米黄大理石＋墙纸］

电视墙［木纹大理石＋茶镜雕花］

电视墙［木纹墙砖］

电视墙［彩色乳胶漆＋墙面柜］

电视墙［白色护墙板］

电视墙［木搁板＋悬挂式电视柜］

电视墙［墙纸］

电视墙［米黄大理石斜铺］

电视墙［米黄大理石＋装饰方柱间贴灰镜］

电视墙［石膏板造型＋墙纸］

电视墙［米黄色墙砖倒角＋墙纸］

电视墙［米黄大理石］

电视墙［木搁板＋橡木饰面板］

电视墙［米黄大理石＋银镜］

电视墙［木饰面板＋墙面柜］

右墙［定制展示架］

电视墙［墙纸］

电视墙［墙纸 + 石膏板造型］

电视墙［墙纸 + 仿石材墙砖］

电视墙［米黄大理石 + 灰镜倒角斜铺］

电视墙［大花白大理石 + 橡木饰面板］

电视墙［墙纸 + 木线条装饰框］

电视墙［墙纸 + 木地板上墙］

电视墙［木线条装饰框］

沙发墙［彩色乳胶漆 + 墙面柜］

右墙［木质护墙板］

电视墙［米黄大理石斜铺］

电视墙［米黄大理石］

半敞开式隔断墙分隔空间

原始结构中餐厅和客厅在同一直线上的户型，会形成一个细长条的格局，可以考虑在两个功能区之间采用一个镂空半敞开式的隔断墙，既满足了空间分区又不会让空间瘦身。而两边的家具和饰品能形成呼应的话效果则更理想。

电视墙［米黄大理石 + 密度板雕花刷白贴银镜］　顶面［石膏板造型暗藏灯带］

电视墙［米黄大理石 + 灰镜］

电视墙［艺术墙砖 + 贝壳装饰挂件］

电视墙［墙纸 + 不锈钢线条］

沙发墙［布艺软包］

电视墙［木线条密排＋木搁板］

电视墙［彩色乳胶漆＋悬挂式电视柜］

电视墙［木纹墙砖＋茶镜雕花］

沙发墙［彩色乳胶漆＋木花格］

顶面［石膏板造型暗藏灯带］

顶面［墙纸贴顶］

沙发墙［布艺软包＋洞石］

电视墙［布艺硬包＋白色护墙板］

顶面［石膏板造型＋木线条走边］

电视墙［墙纸＋白色护墙板］

电视墙［木纹大理石］

电视墙［布艺软包＋密度板雕花刷白贴银镜］

电视墙［墙纸＋木线条收口］

电视墙［墙纸］

电视墙［木纹大理石＋帝龙板］

电视墙［墙纸＋灰镜］

电视墙［米黄大理石＋仿马赛克墙砖］

电视墙［木纹大理石］

电视墙［仿石材墙砖＋密度板雕花刷白贴灰镜］

电视墙［布艺软包］

顶面［石膏板挂边］

电视墙［米黄大理石 + 灰镜］

电视墙［米黄色墙砖 + 陶瓷马赛克］

电视墙［大花白大理石 + 灰镜］

电视墙［皮质软包 + 仿石材墙砖］

电视墙［米黄大理石 + 灰镜斜铺］

电视墙［斑马木饰面板 + 彩色乳胶漆］

沙发墙［彩色乳胶漆 + 挂画组合］

电视墙［墙纸 + 灰镜］

电视墙［木地板上墙］

电视墙［墙纸 + 艺术墙砖］

电视墙［灰镜 + 皮质硬包］

电视墙［墙纸 + 金色镜面玻璃］

沙发墙［墙纸 + 灰镜］

电视墙［橡木饰面板］

电视墙［墙纸 + 灰色乳胶漆］

电视墙［墙纸 + 灰镜雕花］

电视墙［墙纸 + 黑镜］

电视墙［艺术墙砖］

电视墙［皮质软包 + 斑马木饰面板］

电视墙［彩色乳胶漆＋木搁板］

电视墙［墙纸＋灰镜斜铺］

电视墙［艺术墙砖］

电视墙［米黄大理石＋黑镜］

电视墙［米黄大理石斜铺＋银镜倒角］

电视墙［米白色墙砖＋灰镜雕花］

电视墙［彩色乳胶漆＋木搁板］

电视墙［布艺软包＋灰镜］

顶面［石膏板造型勾黑缝］

电视墙［橡木饰面板＋黑镜］

顶面［石膏板造型］

顶面［石膏板造型］

小客厅安装镜子扩大通透感

在小客厅里安装镜子，可从视觉上增加房间的通透性，拓宽人的视觉范围。也可以在小客厅里选一幅以海洋或森林为题材的油画或水彩画作装饰，以达到由心境的开扩而对小空间感觉的扩大。

电视墙［彩色乳胶漆＋木搁板］

居中墙［彩色乳胶漆］

电视墙［啡网纹大理石＋雕花茶镜］

电视墙［墙纸＋黑色烤漆玻璃］

电视墙［墙纸＋布艺软包］

电视墙［大花白大理石矮墙］

电视墙［银箔＋皮纹砖］

电视墙［墙纸 + 银镜雕花］

电视墙［米黄大理石 + 灰镜］

顶面［石膏板吊顶暗藏灯带］

电视墙［墙纸 + 银镜雕花倒角］

电视墙［墙纸 + 墙面柜］

电视墙［木纹砖斜铺 + 茶镜雕花］

地面［木纹地砖］

顶面［石膏板挂边］

电视墙［布艺软包 + 米黄大理石装饰框］

地面［强化地板］

电视墙［文化石］

左墙［布艺软包 + 墙纸］

电视墙［米黄色墙砖 + 银镜雕花］

电视墙［墙纸 + 灰镜］

电视墙［米黄大理石斜铺］

电视墙［艺术墙砖 + 黑镜］

电视墙［木纹墙砖 + 灰镜］

电视墙［米黄大理石造型凹凸铺贴］

电视墙［啡网纹大理石倒角］

电视墙［米黄色墙砖 + 银镜倒角］

电视墙［皮质软包 + 灰镜］

电视墙［墙纸］

电视墙［墙纸 + 仿石材墙砖］

电视墙［艺术装饰搁板］

电视墙［彩色乳胶漆 + 装饰搁架］

电视墙［木纹大理石 + 茶镜雕花］

顶面［木线条走边］

电视墙［米黄大理石＋布艺软包］

电视墙［啡网纹大理石］

电视墙［大花白大理石］

电视墙［洞石］

电视墙［墙纸＋木纹墙砖］

电视墙［木纹墙砖］

电视墙［石膏板造型＋彩色乳胶漆］

电视墙［米黄大理石］

沙发墙［墙纸＋装饰挂画］

电视墙［米黄大理石斜铺 + 墙纸］

电视墙［彩色乳胶漆 + 木搁板］

电视墙［米黄大理石 + 墙纸］

电视墙［灰镜倒角］

电视墙［石膏板造型 + 彩色乳胶漆］

电视墙［米黄大理石斜铺］

电视墙［斑马木饰面板造型］

电视墙［米黄大理石斜铺］

沙发墙［木纹大理石］

地面［枫木实木地板］

电视墙［墙纸 + 布艺软包 + 银镜］

电视墙［墙纸］

电视墙［橡木饰面板 + 茶镜］

电视墙［布艺软包 + 银镜磨花］

电视墙［墙纸 + 黑镜］

电视墙［木纹墙砖］

沙发墙［墙纸 + 照片组合］

电视墙［米黄大理石 + 灰镜倒角］

沙发墙［布艺软包］

电视墙［墙纸 + 布艺软包］

小户型客厅设计

小户型的客厅装修风格以简约实用为好，而太过奢华的欧式风格比较复杂，对于面积较小的客厅来说，无疑令空间显得更加局促，给人华而不实的感觉，使本来狭小的空间变得更加局促。

电视墙［米黄大理石斜铺＋灰镜］

电视墙［布艺软包＋橡木饰面板］

电视墙［大花白大理石］

电视墙［木纹大理石凹凸造型铺贴］

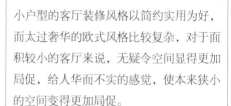

电视墙［米黄大理石倒角］

电视墙［墙纸］

电视墙［墙纸＋密度板雕花刷白］

沙发墙［木饰面板装饰凹凸造型］

电视墙［米黄色墙砖 + 布艺软包］

电视墙［米黄大理石 + 银镜雕花］

电视墙［墙纸］

沙发墙［定制墙纸］

顶面［石膏板造型暗藏灯带］

电视墙［木纹大理石］

电视墙［大花白大理石 + 灰镜］

电视墙［墙纸 + 灰镜］

顶面［石膏板造型暗藏灯带］

电视墙［米黄大理石 + 皮质软包］

电视墙［米黄大理石斜铺］

电视墙［墙纸 + 密度板雕花刷白贴茶镜］

电视墙［墙纸］

电视墙［米黄色墙砖 + 灰镜］

电视墙［仿石材墙砖］

顶面［石膏板吊顶嵌黑镜］

电视墙［布艺软包］

电视墙［米白色墙砖 + 斑马木饰面板］

电视墙［米黄大理石斜铺 + 茶镜倒角］

电视墙［米黄色墙砖 + 灰镜］

电视墙［石膏板造型 + 木搁板］

电视墙［米黄大理石 + 银镜］

电视墙［木纹墙砖 + 密度板雕花刷白］

电视墙［米黄色墙砖 + 灰镜］

顶面［石膏板造型］

电视墙［洞石 + 灰镜］

电视墙［米黄大理石 + 茶镜］

顶面［石膏板造型暗藏灯带］

电视墙［米黄大理石斜铺 + 墙纸］

电视墙［大花白大理石 + 茶镜］

沙发墙［照片组合墙］

沙发墙［米黄大理石 + 透光云石］

电视墙［定制展示架］

电视墙［大花白大理石］

电视墙［墙纸 + 悬挂式书桌］

电视墙［墙纸 + 陶瓷马赛克］

电视墙［墙纸 + 银镜倒角］

沙发墙［布艺软包］

电视墙［墙纸］

电视墙［米黄大理石 + 茶镜］

沙发墙［墙纸］

电视墙［布艺硬包］

电视墙［墙纸］

顶面［石膏浮雕刷银箔漆 + 石膏板造型拓缝］

沙发墙［墙纸 + 灰镜斜铺］

电视墙［米黄大理石斜铺］

电视墙［大花白大理石］

顶面［密度板雕花刷白］

电视墙［洞石］

电视墙［墙纸］

电视墙［大花白大理石＋茶镜］

电视墙［米黄大理石＋灰镜］

右墙［彩色乳胶漆＋照片组合］

沙发墙［质感漆＋装饰壁龛＋挂画组合］

电视墙［墙纸］

电视墙［墙纸＋木纹墙砖］

顶面［石膏板造型暗藏灯带］

亮色沙发抱枕丰富室内表情

在黑白灰搭建的世界里，通过各种色调鲜艳的棉麻织品或装饰画来点亮空间，也是北欧风格搭配的原则之一。亮色的出现，有助于丰富室内表情，营造亲近氛围，拉近人之间的距离。

电视墙［仿石材墙砖＋灰镜斜铺］

电视墙［米黄大理石］

顶面［石膏浮雕］

电视墙［米黄大理石＋灰镜雕花］

电视墙［洞石］

电视墙［布艺软包＋大花白大理石线条装饰框］

电视墙［仿石材墙砖＋灰镜］

地面［强化地板］

电视墙［黑镜斜铺＋木搁板］

电视墙［杉木板装饰背景套色］

电视墙［斑马木饰面板］

电视墙［墙纸 + 灰镜］

顶面［石膏板造型 + 灯带］

电视墙［杉木板装饰背景刷白］

电视墙［米黄大理石］

电视墙［装饰挂画 + 皮质硬包］

电视墙［米黄大理石 + 灰镜］

电视墙［彩色乳胶漆］

电视墙［微晶石墙砖 + 银镜］

电视墙［米黄大理石 + 灰镜］

电视墙［彩色乳胶漆 + 木搁板］

电视墙［硅藻泥］

电视墙［石膏板造型 + 黑镜］

沙发墙［墙纸 + 灰镜］

电视墙［墙纸 + 大花白大理石铺贴地台］

电视墙［墙纸 + 斑马木饰面板］

电视墙［米黄大理石斜铺 + 雕花黑镜］

电视墙［米黄大理石］

地面［木纹地砖］

电视墙［杉木板装饰背景刷白］

电视墙［墙纸＋木线条装饰框］

电视墙［斑马木饰面板拼花］

电视墙［洞石＋灰镜］

电视墙［米黄色墙砖］

电视墙［大花白大理石＋灰镜］

电视墙［彩色乳胶漆］

居中墙［墙纸］

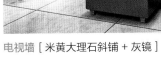

电视墙［米黄大理石斜铺＋灰镜］

居中墙［布艺软包＋银镜］

电视墙［洞石］

电视墙［米黄大理石 + 雕花茶镜］

利用黄色沙发点亮客厅空间

如果居室属于黑、灰、深蓝等较暗沉的色系，那最好搭配白、红、黄等相对较亮的软装饰品，而且一定要注意搭配比例，亮色只是作为点缀提亮整个居室空间，因此不易过多或过于张扬，否则将会适得其反。

电视墙［柚木饰面板］

左墙［石膏板造型刷彩色乳胶漆 + 银镜］

电视墙［墙纸 + 墙面柜］

电视墙［墙纸 + 银镜］

电视墙［木纹墙砖］

沙发墙［装饰挂画 + 木搁板］

顶面［皮质硬包］

电视墙［米黄色墙砖 + 黑镜］

电视墙［木纹墙砖 + 雕花茶镜］

电视墙［墙贴 + 挂镜线］

电视墙［墙纸 + 马赛克拼花］

电视墙［墙纸 + 银镜磨花］

电视墙［米白色墙砖］

电视墙［墙纸 + 白色护墙板］

电视墙［墙纸 + 雕花玻璃］

地面［木纹地砖］

电视墙［墙纸 + 大花白大理石铺贴地台］

电视墙［米白色墙砖 + 银镜倒角］

电视墙［木纹墙砖拼花］

电视墙［石膏板造型 + 墙纸］

电视墙［木纹墙砖 + 墙纸］

顶面［银镜装饰吊顶槽］

沙发墙［银镜雕花］

电视墙［墙纸］

电视墙［墙纸］

电视墙［米白色墙砖＋银镜］

电视墙［墙纸＋仿石材墙砖］

电视墙［木纹大理石＋银镜雕花］

电视墙［墙纸］

电视墙［仿石材墙砖斜铺＋黑镜］

沙发墙［布艺软包＋灰镜］

沙发墙［布艺软包］